W0374176

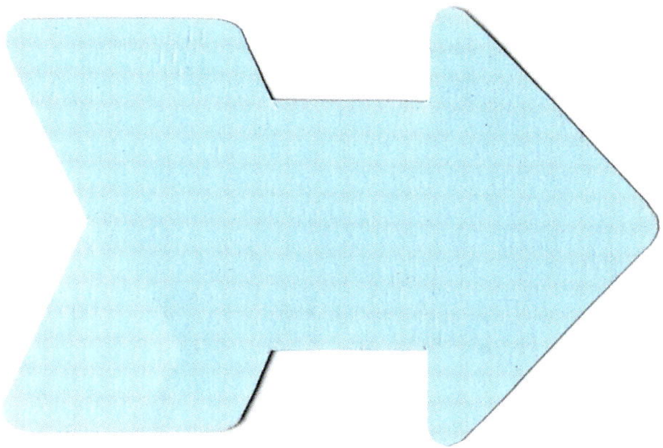

Mein Dank gilt Eduardo Carletti und seinen dressierten Ameisen;

den Architektinnen POLI + BOXACA, die das Zuckerrohr aus Tucumán mitgebracht haben;

Adriana und ihrer Bernhardinerfamilie;

Tofi, der Kuh von der Schokoladenfarm La Granja Chocolatada;

Noemí Bialostocky aus der Vassallo-Apotheke, die bei der Berechnung des Gewichts eines Sandkorns geholfen hat;

Alberto Kreindel von Textil Llerena, der uns erklärt hat, wie man ein T-Shirt aufzieht;

J. L. de Vicente López, dem letzten echten Uhrmacher;

dem Elefanten und dem Kamel aus dem Zoo von Luján;

Gabriel, dem Luftballonverkäufer;

dem Gärtner Esteban, der seine Erzfeinde, die Schnecken, für das Foto verliehen hat;

Pedro Katzeinstein, Juan Cottet und Pedro Doneiger, den jugendlichen Fotomodellen;

Tania Domenicucci, die den Anstoß zu den Untersuchungen gab;

Vero Colombo für ihre magische Schere

und ganz besonders meiner Familie: Caro, Felipe und Pedro.

Mix
Produktgruppe aus vorbildlich bewirtschafteten Wäldern, kontrollierten Herkünften und Recyclingholz oder -fasern
www.fsc.org Zert.-Nr. SGS-COC-003993
© 1996 Forest Stewardship Council
FSC

Die Originalausgabe erschien unter dem Titel
»Un libro en tamaño real« bei
© Pequeño Editor, Buenos Aires / Argentinien 2008

© der deutschsprachigen Ausgabe Gerstenberg Verlag, Hildesheim 2010
Alle Rechte vorbehalten
Deutsch von Konstanze Frei
Printed in the Slovak Republic

ISBN 978-3-8369-5280-4

www.gerstenberg-verlag.de

ICH SEHE WAS, WAS DU NICHT WEISST

Jorge Doneiger

Fotografien: Guido Chouela, David Sisso und Marcelo Setton

Deutsch von Konstanze Frei

GERSTENBERG

Alles*, was du auf den folgenden Seiten siehst, ist in seiner tatsächlichen Größe abgebildet – ein Buch in Lebensgröße.

* *Alles mit einer Ausnahme ...*
Findest du sie?

Wenn eine Schnecke Hunger hat, bleibt ihr nichts anderes übrig, als sich in Bewegung zu setzen.

Diese Schnecke hat eine knappe halbe Stunde gebraucht, um 25 Zentimeter zurückzulegen.

Wenn eine Schnecke müde wird,
ist das kein Problem.
Sie hat ihr Haus immer dabei.

Es dauerte sehr, sehr lange von der Erfindung der aufziehbaren Uhr bis zur ersten Uhr mit Batterie.

PIEP
PIEEEP

PIEP
PIEEEP

Auch auf andere Weise kann man sehen, wie die Zeit vergeht: Die Dinge in unserer Umgebung und wir selbst verändern uns.

Ein einziger Eimer kann ungefähr 120 Millionen Sandkörner fassen.

Stell dir vor,
wie viele Sandkörner
es wohl in der Wüste gibt …

In einer Buntstiftspitze
verstecken sich Schiffe,
Flugzeuge und Monster,
aber auch verrückte
Kritzeleien.

Wie viel kannst du mit einem Buntstift zeichnen?

Wir sind nicht die Einzigen, die gerne mit Freunden picknicken ...

Es braucht ungefähr 50 Ameisen, um ein Stück Torte zu verputzen.

Ameisen können Lasten schleppen, die mehr als doppelt so viel wiegen wie sie selbst.

Noch einen Teller bitte,
wir bekommen Besuch!

Der Strauß ist der größte
Vogel der Erde.

Und ein Spiegelei daraus?

Ein einziges
Straußenei ist
etwa so groß wie
24 Hühnereier.

*Das Spiegelei reicht
für eine große Familie.*

**Wenn eine Kuh gekalbt hat,
gibt sie mehr Milch als sonst,
auch mehr, als ihr Kalb braucht.**

*Bestimmt mehr,
als du dir vor-
stellen kannst!*

So sieht Zuckerrohr aus.

Für ein einziges Bonbon sind
etwa 150 Gramm Zuckerrohr nötig.

*Wie viel Zuckerrohr braucht man
dann für eine ganze Tüte Bonbons?*

Was wiegt mehr:
1 Kilo Federn oder 1 Kilo Blei?

Die Frage scheint einfach, aber kannst du dir vorstellen, wie schwierig es wäre, mit Federn aus Blei zu fliegen?

In diesem Schuh betrat
Neil Armstrong den Mond.

Wohin dich deine Schuhe
wohl tragen?

Wenn ein Kamel Durst hat, ist es nicht zu halten ...
Es kann bis zu 130 Liter Wasser auf einmal trinken.

*Vielleicht gibt es deswegen
so wenig Wasser in der Wüste?*

Das ist ein
T-Shirt für
ein etwa
achtjähriges
Kind.

Was passiert, wenn wir immer weiter an dem Faden ziehen, ohne dass er reißt?

Und wenn es uns gelingt, das ganze T-Shirt aufzuziehen?

⟼

Wenn wir den Faden an der Eckfahne eines Fußballfeldes festknoten würden, könnten wir damit 18,5 Runden um den Platz laufen.

Wie weit kämst du, wenn du den Faden an eurer Haustür festbinden und damit losgehen würdest?

Für eine große
Tüte Popcorn
braucht man
3 Maiskolben.

Wie viele neue Maiskörner können wohl aus einem einzigen Korn heranwachsen?

In dieser
Tüte sind
200 Gramm
Popcorn.

Bienen ernähren sich von Honig, den sie selbst erzeugen. Dafür müssen sie eine große Anzahl von Blüten besuchen.

Wie viel Arbeit steckt wohl in einem Löffel Honig?

Ob wir spielen, essen oder schlafen, wir atmen immer... Wir merken es kaum, aber wir atmen unser Leben lang.

Mit der Luft, die wir an einem Tag ein- und ausatmen, könnten wir mehr als 800 Luftballons aufblasen.

Wie viele Luftballons sich wohl im Laufe eines Menschenlebens füllen ließen?

Wenn wir die ersten Blätter sehen, wissen wir, dass der Frühling da ist.

Im Sommer erholen wir uns in ihrem Schatten.

In nur 10 Monaten knospen die Blätter, wachsen und verfärben sich. --------

Im Herbst verfärben sich die Blätter, sie riechen anders.

Im Winter sammelt der Baum neue Kräfte, um im Frühjahr wieder von vorn zu beginnen.

Man kann Zeit also auch in Farben messen.

Angeblich kann eine einzige Maus eine ganze Herde Elefanten in Panik versetzen.

Würdest du gerne mal Mäuschen spielen?

Eine Frucht enthält 30 bis 40 Kakaobohnen.

Nachdem man sie getrocknet, gemahlen und mit Milch und Zucker vermischt hat …

So sieht Kakao aus.

... kann man daraus ungefähr 50 Gramm Schokolade herstellen, also eine halbe Tafel.

Was wäre das Leben ohne Schokolade?

Dieser Bernhardiner heißt Attila, er ist 2 Jahre alt und wiegt ungefähr 90 Kilo. Er braucht viel Energie zum Spielen, Rennen und Springen.

Wie viele Hunde frisst er gerne alles auf, was er an Nahrung findet, die empfohlene Menge pro Tag beträgt jedoch 1 Kilogramm.

Das Herrchen von Attila erwartet
eine kleine Überraschung ...

So viel Holz braucht man
für ein Buch wie dieses.

Zum Glück wurde es auf
umweltfreundlichem
Papier gedruckt.

Wusstest du, dass jeder Deutsche pro Jahr ungefähr 235 Kilogramm Papier verbraucht?

Die Baumscheibe wiegt ungefähr 950 Gramm und dieses Buch circa 540 Gramm, also etwas mehr als die Hälfte.

Ich sehe was …

Für alle, die es genauer wissen wollen

Geschwindigkeitsrekord

Schnecken haben kaum eine Chance, uns zu entkommen, vor allem, wenn wir der Schleimspur folgen, die sie auf ihrem Weg hinterlassen. Bei dem Schleim handelt es sich um eine zähe Flüssigkeit, die es den Schnecken ermöglicht, über den Boden zu kriechen, ohne sich durch die Reibung zu verletzen.

Schnecken sind sprichwörtlich langsam: Manche unter ihnen können nur 58 Zentimeter pro Stunde zurücklegen. Andere halten dagegen einen Geschwindigkeitsrekord - unter Schnecken natürlich; sie können im selben Zeitraum bis zu 50 Meter weit kriechen.

Es gibt fast 4000 Landschneckenarten. Sie bewegen sich alle, indem sie ihren Körper in Wellenbewegungen zusammenziehen und ausdehnen, wie die Würmer.

Zeitmesser

Jahrhundertelang haben die Menschen eine Uhr gesucht, die die genaue Zeit angibt. Man benutzte Sonnenuhren, Wasseruhren, Sanduhren …, aber keine war zuverlässig und keine von ihnen zeigte dieselbe Zeit an wie die anderen Uhren.

Erst im 14. Jahrhundert kamen die mechanischen Uhren auf. Seither ist es einfacher, sich zu verabreden. Heutzutage gibt es Weltuhren, die die Uhrzeit verschiedener Zeitzonen der Erde anzeigen.

Davon abgesehen hat jeder Mensch von Geburt an eine eigene und persönliche Uhr: die biologische. Diese innere Uhr bestimmt unsere Grundbedürfnisse, sie fordert zum Beispiel Schlaf oder Nahrung. Leute, die mit dem Flugzeug über große Entfernungen reisen, können zwar die »offizielle« Zeit umstellen, nicht jedoch ihre innere. Ihr Körper behält die Zeit des Ortes bei, an den er gewöhnt ist. Deshalb kann er tagsüber müde und nachts wach sein und zu den unmöglichsten Zeiten Hunger haben. Unserer biologischen Uhr ist es egal, welche Zeit auf den Uhren der Welt angezeigt wird.

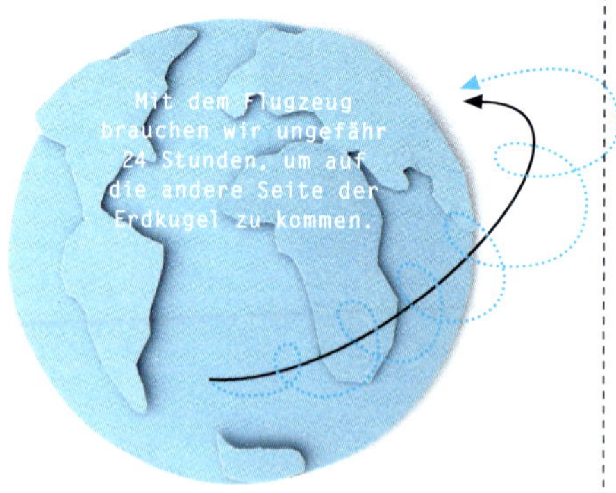

Aber der Körper kann bis zu 7 Tage benötigen, bis er sich an die Zeitumstellung gewöhnt hat.

Bruchstücke

Der Sand an unseren Stränden besteht aus ganz unterschiedlichen Materialien, die sich während Jahrmillionen angehäuft haben. Einige dieser Materialien sind Bruchstücke von Felsen, die die Wellen ausgewaschen haben, Ablagerungen, die die Flüsse mit sich geführt haben, Berge, die der Wind teilweise abgetragen hat, Vulkanasche, Schneckenhäuser und sogar Ausscheidungen von Fischen.

Große Dinge setzen sich aus vielen kleinen Teilchen zusammen: So besteht die Sahara mit ihrer ungeheuren Ausdehnung aus unzähligen winzigen Sandkörnchen.

Vom Grafit zum Diamant

Grafit, das Material, aus dem unsere Bleistiftminen gemacht sind, besteht aus Kohlenstoffatomen. Genau wie Diamant! Tatsächlich handelt es sich bei Grafit und Diamant um ein- und dasselbe chemische Element, auch wenn beide ganz unterschiedlich aussehen.

Ameisen beim Picknick

Die Biologen bezeichnen Ameisen als »erfolgreiche« Insekten, da sie nahezu an jedem Ort der Welt leben können, sogar in der Arktis und in den Wüsten. Natürlich gibt es viele verschiedene Arten von Ameisen, die sich in ihrem Verhalten und ihrer Ernährung voneinander unterscheiden. Nicht alle von ihnen würden sich über die Picknick-Torte hermachen!

Zu den seltsamsten Ameisen zählen diejenigen, die Blattläuse melken. Da Ameisen und Blattläuse dieselbe Pflanze mögen, lassen die Ameisen die Läuse die ganze Arbeit machen und den Pflanzensaft aufsaugen, und danach melken sie sie! Im Gegenzug schützen die Ameisen die Blattläuse: Sie bringen sie zu den frischen Blättern, bedecken sie, wenn es regnet, und halten andere Insekten fern, die sie unter Umständen angreifen könnten.

Schau dich mal in eurem Garten um!

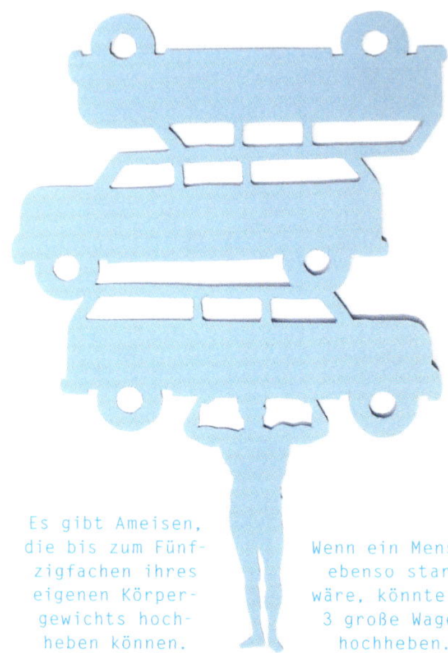

Es gibt Ameisen, die bis zum Fünfzigfachen ihres eigenen Körpergewichts hochheben können.

Wenn ein Mensch ebenso stark wäre, könnte er 3 große Wagen hochheben.

Der Vogel, der nicht fliegen kann

Manche Forscher behaupten, dass der Strauß vor vielen tausend Jahren fliegen konnte. In seinem Lebensraum gab es Nahrung im Überfluss und er hatte keine Feinde, die ihn verfolgen konnten. Mit der Zeit wurde er immer schwerer und größer, bis er eines Tages zu groß zum Fliegen war.

Heute können Strauße nur noch laufen, das aber sehr schnell, nämlich bis zu 70 Stundenkilometer, denn sie besitzen lange Beine und kräftige Füße, die ihnen auf dem Boden festen Halt geben. Leider haben sich die Zeiten geändert: Die Strauße bewohnen keine lieblichen Gegenden mit Nahrung im Überfluss mehr, sondern trockene Zonen mit wenig Vegetation. Und außerdem haben sie einen mächtigen Feind – den Menschen.

Heilige Kühe

Der Mensch ist ein Allesfresser; das heißt, er kann die unterschiedlichsten Nahrungsmittel essen. Diese Fähigkeit hat uns als Art Vorteile verschafft und uns dabei geholfen, zu überleben und uns fortzupflanzen.

Jede Kultur oder Region hat jedoch ihre Vorlieben, was die Nahrung betrifft. In manchen Ländern isst man zum Beispiel Würmer und Ameisen, während das in anderen als eklig empfunden wird. Es gibt auch Nahrungsmittel, deren Genuss in bestimmten Kulturen verboten ist, wie zum Beispiel Rindfleisch. An vielen Orten der Erde gilt es als Leckerbissen, in Indien dagegen ist sein Verzehr undenkbar. Dort haben Kühe eine religiöse Bedeutung; sie verkörpern eine Gottheit. Zum Glück für die Kühe, denn diese Religion, der Hinduismus, hat weltweit ungefähr 800 Millionen Anhänger.

Rosinenbomber

Fast alle denken, dass Süßigkeiten wenig Nährwert haben. Sie wurden jedoch erfunden, um den Hunger zu stillen und uns sehr schnell Energie zuzuführen, sozusagen »einen Mund voll«. Schon immer gehörten sie zur Kultur. Deshalb tauchen Süßigkeiten in einigen interessanten Episoden der Geschichte auf. Beispielsweise 1948, nach dem Krieg, als Deutschland von den Siegermächten kontrolliert wurde, die Berlin in vier Sektoren aufgeteilt hatten. Die Sowjetunion wollte jedoch die alleinige Kontrolle und sperrte deshalb alle Zufahrtswege in die Hauptstadt, wodurch die Bevölkerung keine Nahrung mehr hatte. Amerikaner und Briten dachten sich etwas aus, um den Menschen zu helfen – eine Luftbrücke: Während eines ganzen Jahres überflogen Flugzeuge die Stadt und warfen Nahrung, Kohle und Medikamente ab. Aber auch Süßigkeiten und Rosinen, weil nichts Wichtiges fehlen durfte. Deshalb nannten die Berliner die Flugzeuge »Rosinenbomber«. Beim Auftauchen der Flugzeuge liefen die Kinder unter ihnen her, um als Erste an die Süßigkeiten zu kommen.

Die Masse

1 Kilo Federn wiegt genauso viel wie 1 Kilo Blei, auch wenn einem das komisch vorkommen mag. Beide haben dieselbe Masse, im allgemeinen Sprachgebrauch würden wir sagen dasselbe Gewicht, nämlich 1 Kilogramm. Wie kann das sein? Es handelt sich um zwei ganz unterschiedliche Materialien: Blei konzentriert auf geringem Raum 1 Kilogramm Masse, während Federn aus so »feder«leichtem Material sind, dass man eine große Menge braucht, um 1 Kilogramm zusammenzutragen.

Der Mondhimmel

Am 20. Juli 1969 betrat Neil Armstrong als erster Mensch den Mond. Damals wusste man bereits vieles über unseren Erdtrabanten, sodass sich einige grundlegende Annahmen an diesem Tag bestätigten. So gibt es auf dem Mond keine Atmosphäre und deshalb auch keinen Sauerstoff zum Atmen. Außerdem wird ohne Luft kein Schall übertragen, weshalb auf dem Mond absolute Stille herrscht. Befänden wir uns auf dem Mond und neben uns spielte eine Rockband, würden wir nichts hören. Auf dem Mond gibt es auch keine Gase, die den Planeten vor Sonnenstrahlen schützen könnten. Die Sonnenstrahlen sind deshalb ungeheuer intensiv. Die Hitze verbrennt den Boden und das Licht ist von unvorstellbarer Kraft. Trotzdem ist der Mondhimmel immer schwarz.

Die Planeten funktionieren wie ein riesiger Magnet, der die Dinge anzieht. Diese Kraft heißt Schwerkraft.

Je größer der Planet, desto stärker die Anziehungskraft.

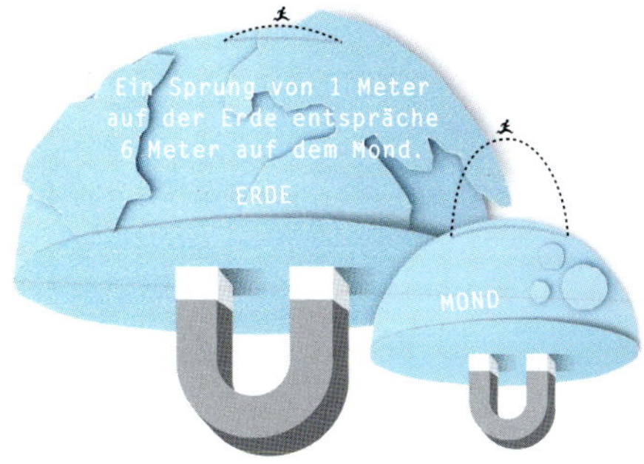

Da der Mond kleiner ist als die Erde, ist seine Anziehungskraft geringer.

In der Wüste leben

An manchen Orten auf der Erde sind die Lebensbedingungen sehr hart. Viele Gegenden haben ein so extremes Klima, dass nur wenige Wesen dort überleben können. Die Wüste beispielsweise ist äußerst trocken, am Tag herrscht glühende Hitze, in der Nacht eisige Kälte. Kamele sind jedoch sehr gut an diese Bedingungen angepasst. Ihre Höcker stellen in Wirklichkeit große Fettspeicher dar. Deshalb können sie lange Zeit ganz ohne oder mit nur sehr wenig Nahrung auskommen. Außerdem schwitzen Kamele fast nicht: Ihr Körper kann sehr große Hitze ertragen, bevor er anfängt zu schwitzen. Dadurch verlieren sie kein Wasser. Kamele haben darüber hinaus eine niedrigere Körpertemperatur als andere Tiere. Wenn sie in der Wüste ausruhen, lehnen sie sich an die Körper ihrer Artgenossen an, um sich abzukühlen. Das würde bei 45 Grad im Schatten sicherlich niemandem sonst in den Sinn kommen.

Der Höcker des Kamels ist wie ein großer Rucksack voller Vorräte.

Die Pflanze für Bekleidung

Baumwolle wird fast überall auf der Erde angebaut. Die in der Fruchtkapsel enthaltenen Samenhaare der Pflanze sind weiß und flauschig. Aus Baumwolle werden viele Produkte gefertigt, von Brennstoff bis zu Papiergeld. Aber die Baumwolle ist vor allem so beliebt, weil man daraus Jeans, T-Shirts und Sommerkleidung herstellt.

In den letzten Jahren ist es der Gentechnologie gelungen, Baumwollpflanzen zu züchten, deren Samenhaare nicht mehr weiß sind. Blau ist sehr gefragt für Jeansstoff. Und in China kann man bereits rote und grüne Fasern erhalten.

Die Maismenschen

Als die Spanier nach Amerika kamen, gehörte der Mais zu ihren ersten Entdeckungen. Mais war für die Menschen in Amerika sehr wichtig, er wurde auf dem ganzen Kontinent angebaut. Seine besondere Bedeutung für die alten Mayas zeigt sich darin, dass er Eingang in ihre Religion fand. Nach den Legenden der Mayas schufen die Götter die Menschen zunächst aus Lehm. Aber diese Menschen waren schwach und konnten nicht sprechen. Danach versuchten die Götter, Menschen aus Holz zu schaffen, aber ebenfalls ohne Erfolg. Eines Tages entdeckten die Götter den Mais. Dieses Getreide schien ihnen so edel, dass sie es verwendeten, um einen Mann und eine Frau zu erschaffen. Und diese Maiswesen waren tatsächlich klug und fleißig, sie konnten sprechen und sie waren selbstverständlich geschickte Ackerbauern.

Honigarbeiterinnen

Das Leben einer Arbeiterbiene ist anstrengend. In einem Bienenstock wohnen bis zu 60 000 Arbeiterinnen, deren ganzes Leben sich um die Arbeit dreht. In ihren ersten Lebenstagen erledigen die Arbeiterinnen die »häuslichen Aufgaben« im Bienenstock: Wachs produzieren, Wabenzellen bauen, die Waben säubern, sich um die Eier und Larven kümmern und sie warm halten. Die Arbeiten außerhalb des Bienenstocks übernehmen sie erst, wenn sie »erwachsen« sind, das ist nach 21 Tagen der Fall. Dann fliegen sie aus und kümmern sich um die »Feldarbeiten«: Sie erkunden, sammeln Wasser, Nektar und Pollen und transportieren alles zum Bienenstock. Eine Arbeiterin lebt zwischen 40 und 45 Tagen, danach stirbt sie. Zum Sterben verlässt sie den Bienenstock jedoch meist, damit sie ihren Arbeitsgenossinnen nicht noch zusätzliche Arbeit macht.

Bienen führen einen Tanz auf, den sie mehrere Male wiederholen, um den anderen Bienen aus dem Volk die Entfernung und Richtung einer ergiebigen Nahrungsquelle anzuzeigen.

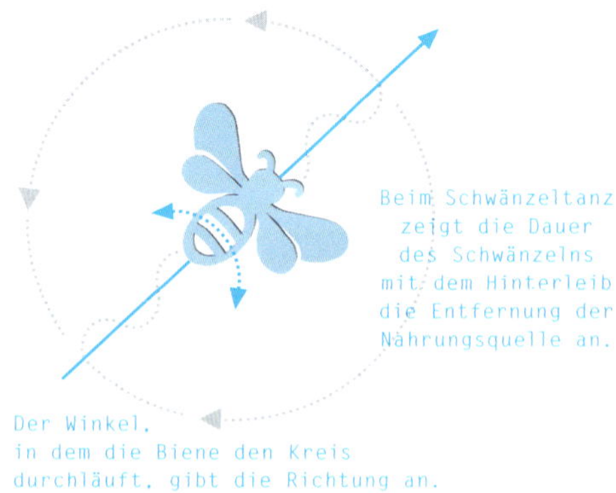

Ein ungewöhnlicher Planet

Um zu leben brauchen wir Sauerstoff, er ist für unseren Körper unverzichtbar. Aber so wichtig er auch für uns ist, im Universum sind nur geringe Mengen freien Sauerstoffs vorhanden: auf manchen Planeten sehr wenig, auf anderen vermutlich gar keine. Vor einigen Abermillionen Jahren gab es auch auf der Erde keinerlei freien Sauerstoff. Aber dann entstand vor ungefähr 3500 Millionen Jahren Wasser. Und im Wasser tauchten nahezu unsichtbare bläulichgrüne Bakterien auf. Diese Bakterien zerlegten das Wasser und setzten dabei Sauerstoff frei. Sie vermehrten sich so stark, dass sich unsere Atmosphäre innerhalb von ungefähr 2000 Millionen Jahren mit Sauerstoff anreicherte. Infolge dieser überraschenden Entwicklung entstanden zwei Arten von Organismen: solche, die in erster Linie Sauerstoff abgeben – die Pflanzen, und solche, die ihn aufnehmen – die Tiere.

Sämtliches Leben unseres Planeten und seiner Bewohner dreht sich heute um den Sauerstoff.

Blätter – große Strategen
Aufgabe der Blätter ist es, für die Ernährung der Pflanze zu sorgen. Sie fangen das Sonnenlicht ein und benutzen es, um Wasser und Kohlenstoffdioxid in Nahrung umzuwandeln. Dieser Prozess heißt Fotosynthese; ihm verdanken wir das reiche und vielfältige Leben auf unserem Planeten. Aber die Fotosynthese ist ein komplizierter Vorgang. Um die nötige Menge Licht und Wasser aufzunehmen, müssen die Pflanzen an die Bedingungen des jeweiligen Ortes angepasst sein. Wenn Pflanzen zum Beispiel im Urwald wachsen, wo es wenig Sonnenlicht und viel Feuchtigkeit gibt, sind die Blätter meist groß und haben die Form eines Tropfenfängers, sodass sie das Wasser ableiten, das sich auf ihrer Oberfläche ansammelt. Wenn sie dagegen an einem Ort mit viel Sonne wachsen, beispielsweise in der Wüste, sind sie klein. So sind die Dornen der Kakteen in Wirklichkeit umgewandelte Blätter. Außerdem verfügen viele Pflanzen über Abwehrsysteme in ihren Blättern: Haare, Stacheln, Zackenränder, bis hin zu kleinen Gräben, in denen Insekten ertrinken können!

So wie die Tiere atmen die Pflanzen auch, und zwar mithilfe ihrer Blätter.

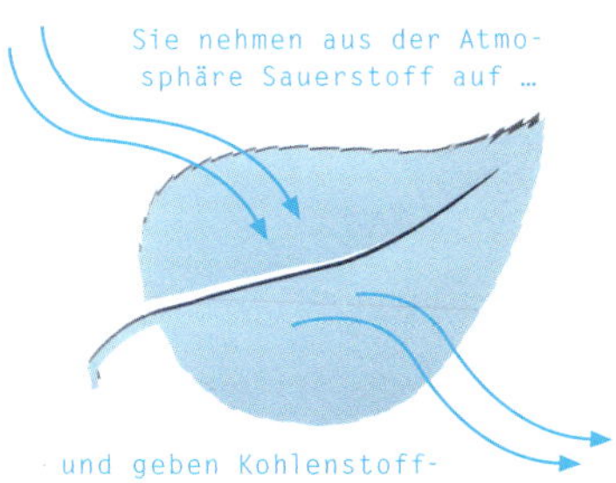

Das findet nachts statt, tagsüber nützen die Pflanzen in einem umgekehrten Prozess das Licht zur Fotosynthese aus.

Der schwachsichtige Elefant
Elefanten sind seltsame Tiere: Ihr Gehör, ihr Geruchssinn und ihr Gedächtnis sind hervorragend, sie können jedoch nicht sehr gut sehen. Da ihre Augen sich seitlich am Kopf befinden, erkennen sie schlecht, was vor ihnen ist, vor allem, wenn es sehr klein ist. Lange glaubte man, Elefanten hätten Angst vor Mäusen. In Wirklichkeit nimmt der Elefant lediglich etwas Kleines wahr, das sich bewegt, er sieht jedoch nicht genau, was es ist – möglicherweise eine Gefahr. Deshalb verteidigt er sich. Wenn ein Tier von 3000 Kilo Gewicht sich bedroht fühlt, ist es ratsam, Abstand zu halten. Elefanten sind nicht so sanftmütig, wie sie scheinen. Im Gegenteil – sie sind sogar gefährlich, denn ihr Verhalten ist unberechenbar. Selbst ein schwacher Hieb mit dem Rüssel kann einen Menschen töten.

Die Wahrheit über die Schokolade
Viele in Europa weit verbreitete traditionelle Nahrungsmittel – wie die Kartoffel in Nordeuropa oder die Tomate im Mittelmeerraum – stammen in Wirklichkeit aus Amerika. Das trifft auch auf die Schokolade zu. Am berühmtesten ist wohl die Schweizer Schokolade, dabei haben Azteken und Mayas dieses wunderbare Nahrungsmittel 1000 vor Christus erfunden! Sie stellten sie her, indem sie die Kakaobohnen zusammen mit scharfen Gewürzen zerkleinerten. Schokolade galt als königliches Getränk. Die erste Fabrik zur Kakaoverarbeitung nach europäischem Geschmack wurde Anfang des 19. Jahrhunderts in der Schweiz gegründet. Seither gelten die Schweizer als Schokoladenexperten.

Rettungshunde
Inmitten der Schweizer Alpen gibt es ein Hospiz, das früher der einzige Zufluchtsort für Wanderer war, die auf dem Weg von oder nach Italien die Alpen überquerten. In diesem Hospiz erblickten die Bernhardiner durch eine Kreuzung aus anderen großen Berghunderassen das Licht der Welt. Sie wurden berühmt, weil sie Menschen retteten, die sich in den Bergen verirrt hatten und manchmal sogar unterm Schnee begraben waren.

Der größte Hund ist der Bernhardiner, der kleinste der Chihuahua, der aus Mexiko stammt.

Während ein Bernhardiner bis zu 90 Kilo schwer ist, wiegt ein Chihuahua durchschnittlich 1,5 Kilogramm.

Eine Welt aus Papier
Das Papier, das wir verwenden, ist meistens aus Holz hergestellt, also aus Bäumen. Die Papierherstellung trägt mit zum allmählichen Verschwinden unserer Wälder bei. Zum Glück finden inzwischen Richtlinien zur nachhaltigen Waldwirtschaft Anwendung. Das bedeutet, dass besondere Vorschriften befolgt werden müssen, die dazu beitragen, die Umwelt zu schützen. Beispielweise dürfen Bäume nur in bestimmten Zonen gefällt werden, in anderen aber nicht, um den Lebensraum der dort lebenden Pflanzen und Tiere zu erhalten; oder es muss für jeden Baum, der gefällt wird, ein neuer gepflanzt werden; oder aber es muss dafür gesorgt sein, dass die Flüsse nicht austrocknen und die Böden nicht auslaugen. An verschiedenen Orten sehen diese Maßnahmen unterschiedlich aus, da man viele Aspekte berücksichtigen muss: die Gegend, in der sich der Wald befindet, seine Größe, die wirtschaftlichen Bedürfnisse der Bewohner …

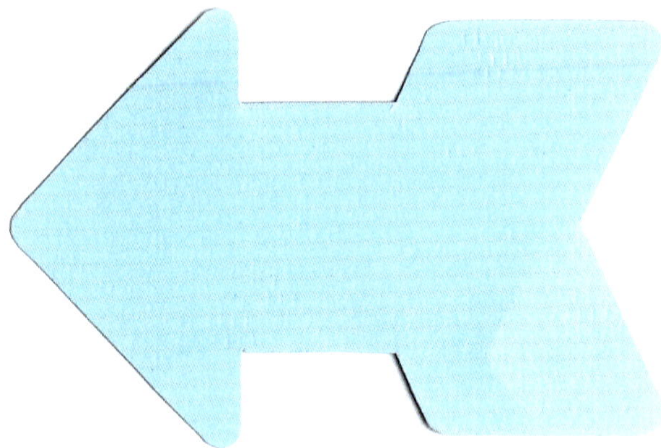